Ahmed Wahab Raisan

Identification, détection des bactéries et du gène Staphylococcus Aureus

Ahmed Wahab Raisan

Identification, détection des bactéries et du gène Staphylococcus Aureus

ScienciaScripts

Imprint

Cover image: www.ingimage.com

This book is a translation from the original published under ISBN 978-613-9-91576-7.

Publisher:
Sciencia Scripts
is a trademark of
Dodo Books Indian Ocean Ltd. and OmniScriptum S.R.L publishing group

120 High Road, East Finchley, London, N2 9ED, United Kingdom
Str. Armeneasca 28/1, office 1, Chisinau MD-2012, Republic of Moldova, Europe
Printed at: see last page
ISBN: 978-620-5-62963-5

Table des matières

INTRODUCTION

La viande se putréfie, si elle n'est pas traitée, en quelques heures ou quelques jours et devient alors peu appétissante, toxique ou infectieuse. La putréfaction est causée par l'infection pratiquement inévitable et la décomposition ultérieure de la viande par des bactéries et des champignons, qui sont portés par l'animal lui-même ou par les personnes qui manipulent la viande, ou par leurs instruments. La viande peut rester comestible beaucoup plus longtemps - mais pas indéfiniment - si une hygiène adéquate est respectée pendant la production et la transformation, et si des procédures appropriées de sécurité alimentaire, de conservation et de stockage des aliments sont appliquées (Brul, S. et Coote, P. 1999).

Les viandes sont les aliments les plus périssables en raison de leur richesse en nutriments. Plusieurs paramètres intrinsèques et extrinsèques affectent la croissance des bactéries dans la viande et les produits carnés. En raison de sa forte teneur en eau et de l'abondance d'importants nutriments disponibles à la surface, la viande est reconnue comme l'un des aliments les plus périssables.

L'altération peut être définie comme tout changement dans un produit alimentaire qui le rend inacceptable pour le consommateur d'un point de vue sensoriel [Gram *et al* 2002]. Outre les dommages physiques, l'oxydation et le changement de couleur, les autres symptômes d'altération sont dus à la croissance indésirable de micro-organismes à des niveaux inacceptables. Dans le cas de la viande, l'altération microbienne entraîne le développement de mauvaises odeurs et souvent la formation de boue, ce qui rend le produit indésirable pour la consommation humaine (Jackson T. C. *et al* 1997). Les modifications organoleptiques peuvent varier en fonction de l'association microbienne qui contamine la viande et des conditions de stockage de la viande. Le développement de l'altération organoleptique est lié à la consommation de nutriments de la viande tels que les sucres et les acides aminés libres par les bactéries et à la libération de métabolites volatils indésirables. Des charges microbiennes de 10^7 CFU cm^{-2} sont généralement associées à l'apparition de mauvaises odeurs telles que des odeurs de "fromage" ou de "beurre" ; celles-ci peuvent évoluer vers des odeurs "fruitées" lorsque les charges augmentent et devenir des odeurs putrides à la suite de la consommation d'acides aminés libres à des charges aussi élevées que 10^9 CFU cm^{-2} (Dainty R. H. *et al* 1985).

En fait, une fois que le glucose présent dans la phase aqueuse a été utilisé, d'autres substrats sont successivement consommés jusqu'à ce que des composés azotés odorants tels que l'ammoniac et le sulfure de diméthyle soient libérés (Stanbridge L. H. et A. R. Davies. 1998). Le développement de ces phases dépend des facteurs écologiques intrinsèques et extrinsèques d'un écosystème carné particulier, tels que le pH, la morphologie de la surface de la viande, la disponibilité de l'oxygène, la température, ainsi que la présence et le développement d'autres bactéries (Ellis, D. I., et R. Goodacre. 2001).

L'altération et l'empoisonnement des aliments sont les principales causes qui ont conduit l'homme à conserver les aliments et à prévenir les maladies dues à l'alimentation. La production de pain, de boissons alcoolisées et d'une variété d'aliments fermentés à l'acide, la conservation de la viande et des produits de la pêche par le séchage ou l'ajout de sels et la production d'autres aliments indigènes ont été essentiels au développement de sociétés stables. Ces processus microbiens sont apparus dans différentes parties du monde à des époques diverses. Les gens ont commencé à comprendre que les aliments devaient être conservés à l'abri de l'air, de la lumière et de l'humidité (Ganzle, 1999). Au début, certains aliments étaient conservés en les enduisant d'argile et d'huile d'olive. Le sel est devenu une denrée particulièrement précieuse car il était indispensable à l'homme et utile pour la conservation des aliments, dont la disponibilité a influencé le cours de l'histoire.

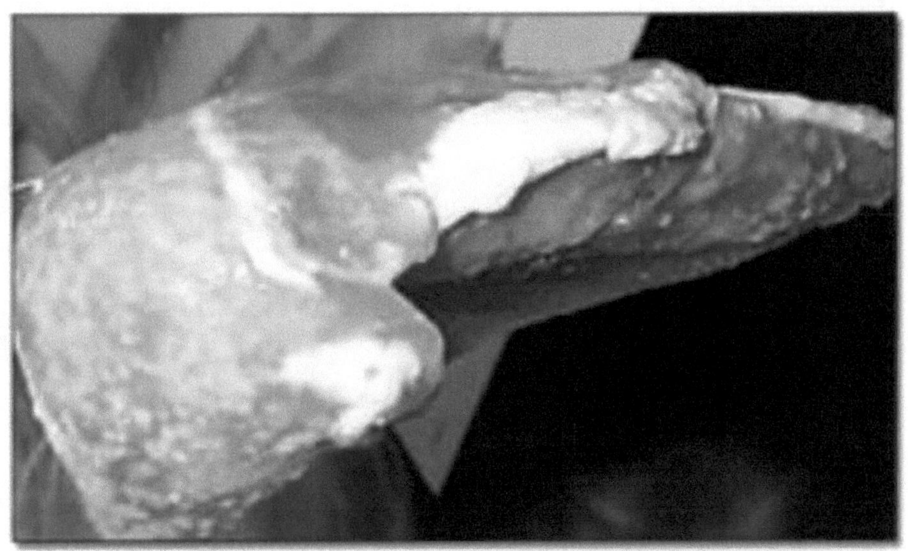

Figure 1 : Filet de poitrine avarié montrant des colonies individuelles qui finissent par former une couche de bave.

Environ 5 milliards de poulets sont transformés en Inde chaque année, dont 80 % sont commercialisés en tant que produits frais. On estime que 2 à 4 % de cette viande est perdue en raison de l'altération de la volaille. Par conséquent, la détérioration est une préoccupation majeure pour l'industrie de la volaille (Lockhead, A. G. et G. B. Landerkin, 1935).

Les principales causes d'altération des produits de volaille sont les suivantes :

- Durée de distribution ou de stockage prolongée
- Température de stockage inappropriée

- Numération bactérienne initiale élevée

- pH élevé de la viande post-rigueur

TRAITER LES FACTEURS D'ALTÉRATION

Les entreprises peuvent éviter des temps de stockage prolongés en assurant une rotation adéquate de leurs stocks. Les produits destinés à être vendus dans des endroits éloignés de l'usine de transformation doivent être transportés à des températures inférieures au point de congélation (c'est-à-dire 26 F), mais la température doit être telle que les tissus musculaires ne gèlent pas (Kraft, A. A. et J. C. Ayres, 1952). Des températures de stockage inappropriées ou des fluctuations de la température de stockage sont les causes les plus évitables de détérioration. Les fluctuations de température peuvent se produire pendant la distribution, le stockage, la présentation au détail ou la manipulation du produit par le consommateur. Les transformateurs peuvent déterminer si le produit a subi des abus de température en surveillant la température ou en évaluant les populations bactériennes dans tout le système de distribution.

Bactéries responsables de la détérioration :

La recherche démontre que les populations de bactéries les plus nombreuses sur la carcasse immédiatement après le traitement ne sont pas celles qui se développent sous réfrigération et altèrent les carcasses. Au contraire, les bactéries que l'on trouve après la détérioration des carcasses sont très difficiles à trouver sur les carcasses au moment de la transformation. Juste après la transformation, les bactéries d'altération sont présentes en très petit nombre, mais elles peuvent se multiplier rapidement et provoquer des odeurs d'altération et de la bave (Dainty, R. H., et al, 1985). Ces bactéries d'altération sont appelées bactéries psychrotropes (psychro=froid ; trophique=capable de se développer) car elles sont capables de se multiplier dans des conditions de froid. Les produits frais à base de volaille conservés assez longtemps à la température du réfrigérateur se détérioreront à cause de la croissance des bactéries psychrotropes. En revanche, les bactéries qui existent en plus grand nombre au moment de la transformation sur la peau des poulets et dans leur tractus intestinal sont principalement mésophiles (méso=moyen ; phile=amour). Ces bactéries ne se multiplient pas de manière appréciable à la température du réfrigérateur. Les exemples de mésophiles sont Salmonella, *E. coli* et d'autres bactéries que l'on trouve sur les poulets (Kim, A.Y., et Thayer, D.W. 1996). Lorsqu'une entreprise effectue une "numération des plaques aérobies" ou une "numération totale des plaques" sur une carcasse de poulet, elle mesure les mésophiles (Ingraham, J. L. et G. F. Bailey, 1959).

La figure ci-dessous montre comment ces populations de bactéries se comportent sur les carcasses pendant la réfrigération.

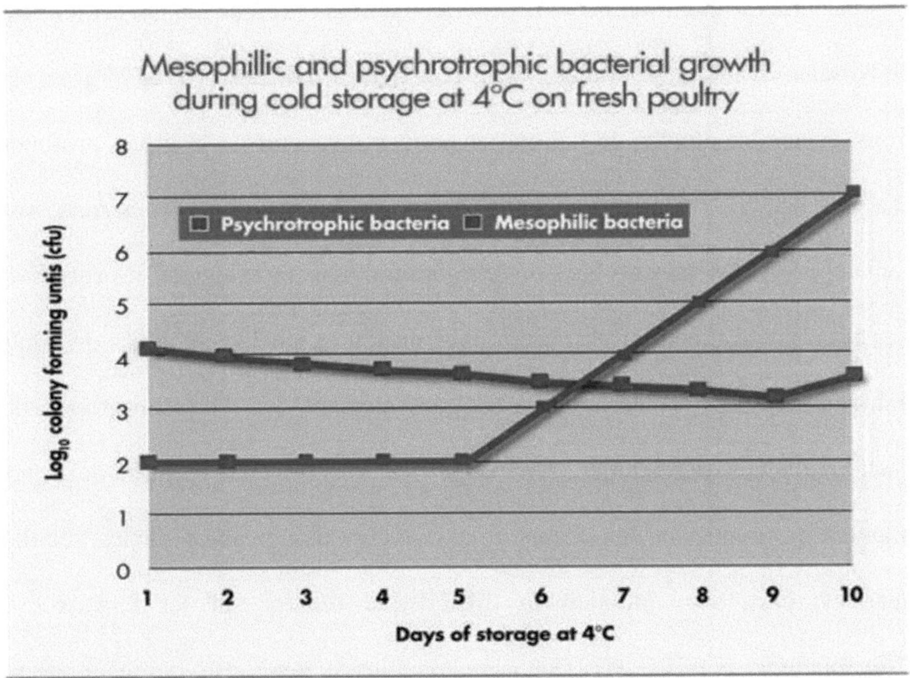

Mesophiles, such as salmonella and *E. coli*, do not grow and produce spoilage defects on poultry.

Figure 2 : Les mésophiles ne provoquent pas l'altération des produits de volaille

Origine des bactéries d'altération

Les bactéries de détérioration présentes sur la carcasse immédiatement après le traitement proviennent de

1. Les plumes et les pieds de l'oiseau vivant,

2. L'approvisionnement en eau dans l'usine de traitement,

3. Les réservoirs de refroidissement et 4. L'équipement de traitement.

Ces bactéries d'altération ne sont généralement pas présentes dans les intestins de l'oiseau vivant. Des populations élevées d'*Acinetobacter* (10^8 CFU/g) ont été trouvées sur les plumes de l'oiseau et peuvent provenir de la litière profonde. D'autres bactéries d'altération, telles que *Cytophaga* et *Flavobacterium,* sont souvent présentes dans les bacs de réfrigération mais rarement sur les carcasses. Les bactéries d'altération psychrotrophes présentes sur les carcasses de poulet immédiatement après l'abattage sont généralement des Acinetobacter et des Pseudomonades pigmentées. Bien que les souches de Pseudomonas non pigmentées produisent des odeurs et des saveurs désagréables sur les volailles avariées, elles sont initialement difficiles à trouver sur les carcasses et *Pseudomonas putrefaciens* (*Shewanella putrefaciens*) est rarement trouvé (Brown, A. D., 1957).

L'identification des micro-organismes qui sont responsables du genre et de l'espèce les plus responsables des maladies d'origine alimentaire figure dans le tableau ci-dessous.

Tableau 1 : Micro-organismes et leurs doses infectieuses

Microorganism	Infective dose (no. of microorganisms	Incubation period	Name of the disease
Clostridium botulinum	< nano grams	12-36 h	botulism
Clostridium perfringens	>10E8	8-22 h	Perfringens food poisoning
Shigella	<10	12–50 h	Shigellosis
Yersinia enterocolitica	unknown	1-3 days	Yersiniosis
Hepatitis A virus	10-100	Unknown	Hepatitis A
Norwalk virus / Norovirus	Unknown but presumed to be low	1-2 days	Viral gastroenteritis, stomach flu, Winter vomiting disease

MATÉRIAUX ET MÉTHODES

Milieux nutritifs, colorants pour l'identification morphologique, microscope, centrifugeuse, flux laminaire, etc.

Collecte d'échantillons :

Les échantillons de viande et de poulet ont été collectés dans des boucheries de zones telles que Moula Ali, A.S Rao Nagar, Malkajigiri, Tarnaka etc. Les échantillons collectés ont été traités aseptiquement dans le laboratoire de microbiologie.

Des produits chimiques :

Le cristal violet, l'iode de Grams, l'éthanol, la safranine, ont été utilisés pour l'identification morphologique. Les milieux et les réactifs utilisés pour l'étude, tels que le bouillon nutritif, la gélose nutritive, la gélose au bleu d'éosine et de méthylène, la gélose au sang, la gélose Salmonella-Shigella, la gélose au thiosulfate-citrate-bile-sel-sucrose, la gélose au sel de mannitol, la gélose MacConkey, le rouge de méthyle et le Voges Proskauer, ont été achetés chez Himedia, en Inde.

Comptage bactérien total :

Le dénombrement bactérien total a été effectué sur tous les échantillons par la méthode d'ensemencement Lazy Susan en triplicata sur des plaques de gélose nutritive solide après dilution en série des échantillons à des concentrations de 1 sur 10. Les plaques ensemencées ont été scellées et incubées à 37^0 C. Les unités formant colonies ont été comptées après 24 heures et exprimées en UFC/ml. Des échantillons de viande, de poisson et de volaille ont été prélevés dans divers points de vente de Hyderabad, chez des bouchers, dans des abattoirs, etc. et ont été soumis à une analyse microbienne. Les procédures suivies pour l'échantillonnage étaient celles prescrites dans les procédures standard de la section 16(2) (c) du FSS Act, 2006 qui prévoit le mécanisme d'accréditation des organismes de certification pour les systèmes de gestion de la sécurité des aliments et la section 44 du FSS Act prévoit la reconnaissance de l'organisation ou de l'agence pour l'audit de la sécurité des aliments et la vérification de la conformité avec le système de gestion de la sécurité des aliments requis en vertu de la loi ou des règles et règlements qui en découlent.

Comptage des plaques aérobies mésophiles :

Il indique les dénombrements microbiens pour l'évaluation de la qualité des aliments.

Moyen :

1. Agar de comptage de plaques ;

2. Eau peptonée 0,1%,

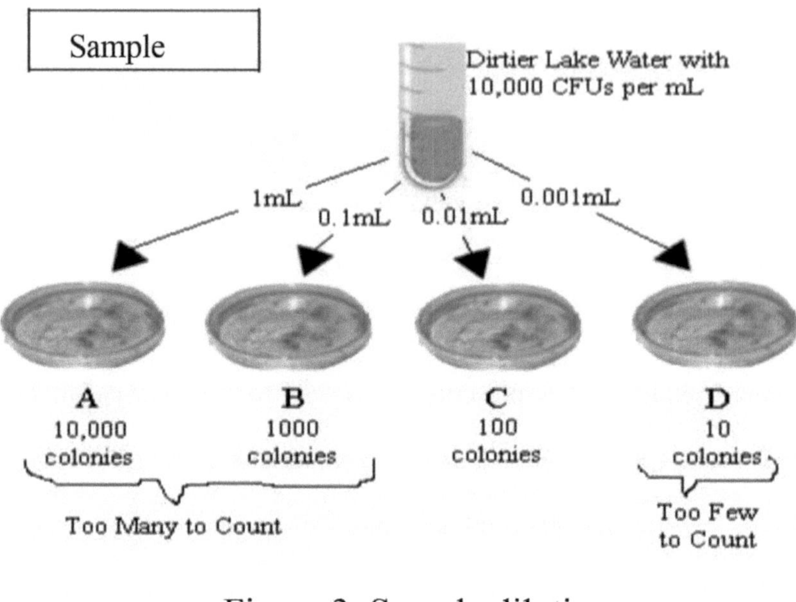

Figure 3 : Dilution de l'échantillon

2,5 x10^3 par ml ou g, préparer des dilutions décimales comme suit. Agiter chaque dilution 25 fois. Pour chaque dilution, il est nécessaire d'utiliser une nouvelle pipette stérile. Vous pouvez également utiliser une pipette automatique. Pipeter 1 ml d'homogénat dans un tube contenant 9 ml de diluant. De la première dilution, transférer 1ml dans le second tube de dilution contenant 9ml de diluant. De la première dilution, transférer 1 ml dans un second tube de dilution contenant 9 ml de diluant. Répétez en utilisant un troisième, un quatrième tube ou plus jusqu'à ce que la dilution désirée soit obtenue.

Isolement des bactéries à partir des échantillons de viande :

Environ 5 grammes de chaque échantillon de viande ont été mis en suspension dans du bouillon TSB et incubés pendant la nuit à 37^0 c. Le lendemain, les échantillons ont été dilués 10 fois et les échantillons dilués à 5th et 6th ont été placés sur de la gélose LB pour obtenir des colonies isolées. Les colonies isolées de chaque échantillon ont été prélevées et étalées sur une nouvelle plaque de gélose nutritive, la plaque principale.

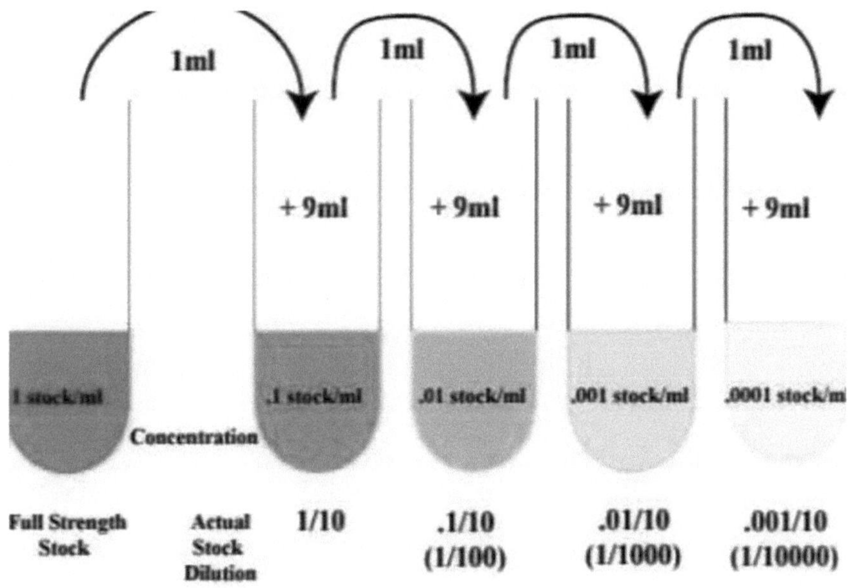

Figure 4 : Dilutions en série et ensemencement sur des plaques d'agar pour le comptage des colonies.

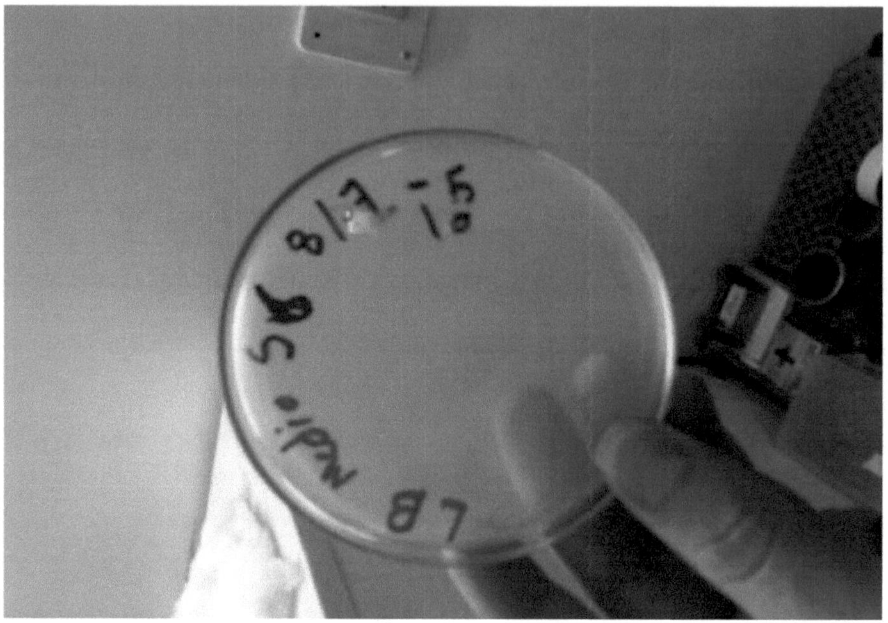

Figure 5 : Echantillon dilué placé sur une gélose nutritive.

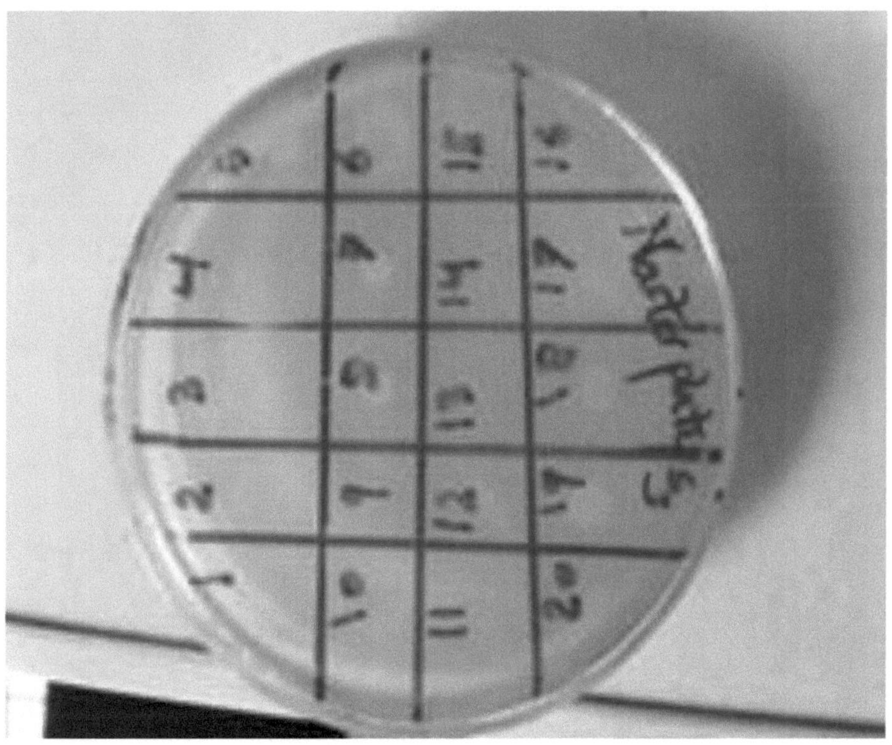

Figure 6 : Master Plate pour la volaille

Préparation de la plaque maîtresse :

Des plaques maîtresses sur LB Agar ont été réalisées en étalant chaque colonie pure sur des plaques quadrillées et stockées à 4^0 c. Chaque plaque maîtresse a été sous-cultivée pour réaliser les différents tests.

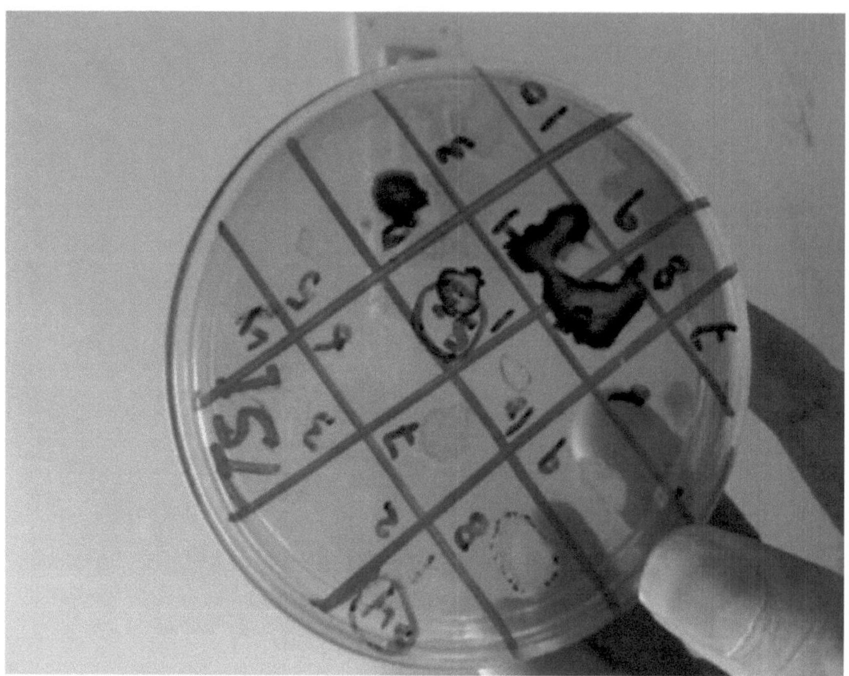

Figure 7 : Plaque maîtresse pour la viande

RÉSULTATS

Identification morphologique :

Chacune des colonies isolées sur la plaque maîtresse a été identifiée par une coloration de Grams et une expérience de motilité.

Les résultats sont compilés dans le tableau ci-dessous.

Tableau 2 : Caractéristiques des bactéries potentielles

Nom du test	S3 C21	S3 C 22	S3 C23	S3 C24	S3 C25	S3 C26	S3 C27	S3 C28	S3 C29	S3 C30
Gram-starin	Gram-positif	Gram négatif	Gram-positif	Gram négatif	Gram-neg ative	Gram-positif	Gram-positif	Gram-positif	Gram négatif	Gram-positif
Forme de la cellule	Cocci	Rod	Cocci	Rod	Rod	Cocci	Cocci	Cocci	Rod	Cocci
Forme de la colo	Circulaire	Grand appartement	Circulaire	Pointu	Grand appartement	Circulaire	Circulaire	Circulaire	Pointu	Circulaire

nie										

Marge	Tout le site	Tout le site	Tout le site	Tout le site	Tout le site	Tout le site	Tout le site	Tout le site	Tout le site	Tout le site
APPearence	Non-brillant	punctiform	Non brillant	mucoïde	punctiform	Non-brillant	Non-brillant	Non brillant	mucoid	Non-brillant
Elevatio	convexe	soulevé	convexe	convexe	soulevé	convexe	convexe	convex	convexe	convexe
Texture de surface	smooth	lisse	lisse	lisse	lisse	lisse	lisse	lisse	smooth	lisse
Col notre	Blanc	Blanc	Blanc	Jaune	Blanc	Blanc	Blanc	Blanc	Jaune	Blanc

Tableau 3 : Caractéristiques morphologiques, culturelles et microscopiques des bactéries potentielles.

Nom du test	S4 B1	S4B2	S4B3	S4B4	S4B5	S4B6	S4B7	S4B8	S4B9	S4B10
Gram-starine	Gram-negative	Gram-positif	Gram négatif	Gram négatif	Gram-positif	Gram négatif	Gram négatif	Gram-positif	Gram-positif	Gram négatif
Forme de	Rod	Cocci	Rod	Cocci	Cocci	Rod	Rod	Cocci	Cocci	Rod

la cellule										
Forme de la colonie	Pointe d	Circulaire	Pointu	Circulaire	Circulaire	Pointu	Pointu	Circulaire	Circulaire	Pointu
Marge	Tout le site	Tout le site	Tout le site	Tout le site	Tout le site	Tout le site	Tout le site	Tout le site	Tout le site	Tout le site
APPearence	Mucoïde	Non brillant	Mucoïde	Non brillant	Non brillant	Mucoïde	Mucoïde	Non-brillant	Non - shi ny	Mucoïde
Élévation	Convexe	Convexe	Convexe	Convexe	Convexe	Convexe	Convexe	Convexe	Convexe	Convexe
Texture de surface	Lisse	Lisse	Lisse	Lisse	Lisse	Lisse	Lisse	Lisse	Lisse	Lisse
Couleur	Jaune	Creany	Jaune	Creany	Blanc	Jaune	Jaune	Blanc	Blanc	Jaune

Tableau 4 : Caractéristiques des bactéries potentielles

Nom du test	S5L1	S5L2	S5L3	S5L4	S5L5	S5L6	S5L7	S5L8	S5L9	S5L10
Gram-starine	Gram-nagatif	Gram-nagatif	Gram-nagatif	Gram-nagatif	Gram-nagatif	Gram-nagatif	Gram-nagatif	Gram-nagatif	Gram-nagatif	Gram-nagatif
Forme de la cellule	Rod	Rod	Rod	Rod	Rod	Cocci	Rod	Rod	Cocci	Rod
Forme de la colonie	Pointu	Pointu	Pointu	Large	Pointu	Circulaire	Pointu	Pointed	Circulaire	Pointu
Marge	Tout le site	Tout le site	Tout le site	Tout le site	Tout le site	Tout le site	Tout le site	Tout le site	Tout le site	Tout le site
APPearance	Mucoïde	Mucoïde	Mucoïde	Mucoïde	Mucoïde	Non-brillant	Mucoïde	Mucoïde	Non-brillant	Mucoïde
Élévation	Convexe	Convexe	Convexe	Convexe	Convexe	Convexe	Convexe	Convexe	Convexe	Convexe
Texture de surface	Lisse	Lisse	Lisse	Lisse	Lisse	Lisse	Lisse	Lisse	Lisse	Lisse
Couleur	Jaune	Jaune	Jaune	Blanc	Jaune	Blanc	Jaune	Jaune	Blanc	Jaune

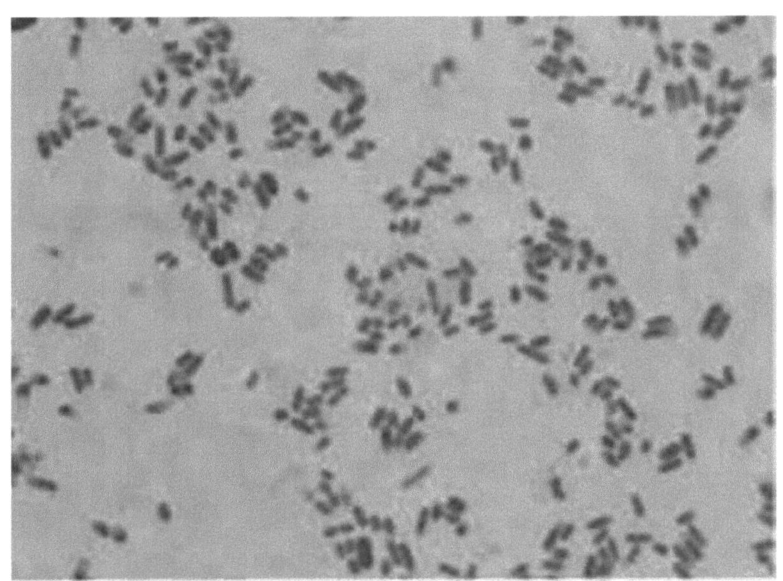

Figure 8 : *E.coli*

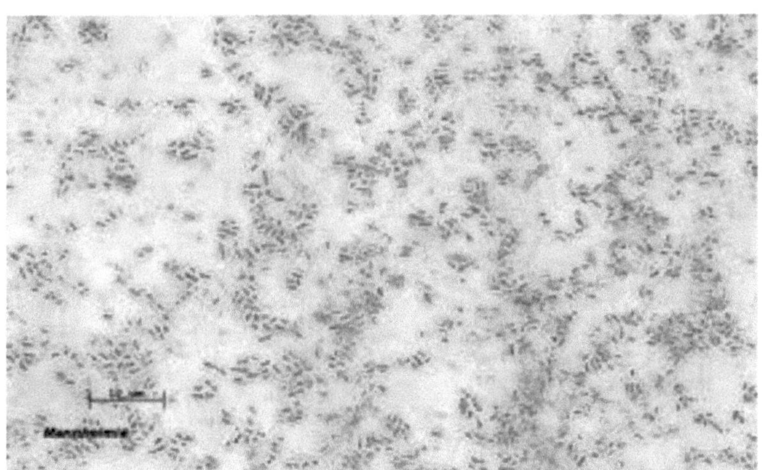

Figure 9 : *Klebsiella oxytoca*

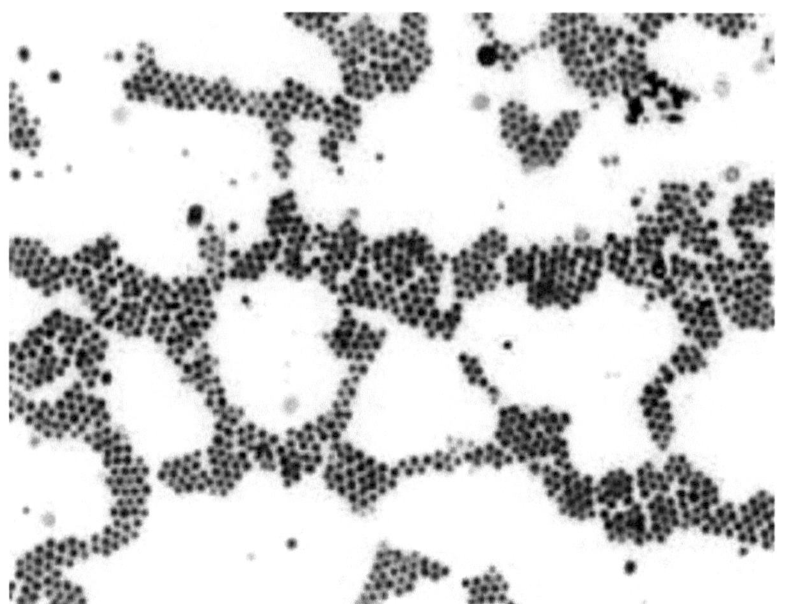

Figure 10 : *Enterocoocus faecalis*

Résultat de l'identification biochimique :

Les tests IMVIC ont été effectués comme mentionné dans les méthodes et les résultats sont compilés dans le tableau.

Tableau 5 : Résultats des charges microbiennes dans les échantillons de poulet (gésier)

Isola te	Nombre de	Tes t 1	Test 2	Test 3	Test 4	Test 5	Test 6	Gram Reacti	Identifi cation

	Col ony	Ind ole	VP	MR	Citra te	Cata lase	TSI	on & Morp holog y	de Bacteri a
S1A 1	1	(+)	(-)	(-)	(+)	(+)	(-)	Gram + Cocci	*Enteroc occus faecalis*
S1A 2	2	(+)	(-)	(+)	(+)	(-)	(-)	Gram - Rod	*Fournir ncia.sp*
S1A 3	3	(+)	(-)	(-)	(+)	(-)	(-)	Gram + Cocci	*Enteroc occus faecalis*
S1A 4	4	(+)	(-)	(-)	(+)	(+)	(-)	Gram + Cocci	*Enteroc occus faecalis*
S1A 5	5	(+)	(-)	(-)	(+)	(+)	(-)	Gram +	*Enteroc occus*

								Cocci	*faecalis*
S1A 6	6	(+)	(-)	(-)	(+)	(+)	(-)	Gram + Cocci	*Enterococcus faecalis*
S1A 7	7	(+)	(-)	(-)	(+)	(+)	(-)	Gram + Cocci	*Enterococcus faecalis*
S1A 8	8	(+)	(-)	(-)	(+)	(+)	(-)	Gram + Cocci	*Enterococcus faecalis*
S1A 9	9	(-)	(+)	(+)	(+)	(+)	(-)	Gram + Cocci	*Staphylococcus aureus*
S1A 10	10	(-)	(+)	(+)	(+)	(+)	(-)	Gram +	*Staphylococcus aureus*

								Cocci	

Tableau 6 : Résultats des charges microbiennes dans les échantillons de poulet (poitrine)

Isolate	Non. de Colony	Test 1	Test 2	Test 3	Test 4	Test 5	Test 6	Gram Reaction & Morphologie	Identification de Bacteria
		Indole	VP	MR	Citrate	Catalase	TSI		
S1A 11	1	(+)	(+)	(-)	(+)	(+)	(-)	Gram - Rod	*Klebsie lla oxytoca*
S1A 12	2	(+)	(-)	(-)	(-)	(+)	(-)	Gram - Rod	*Enteroc occus faecalis*
S1A 13	3	(-)	(-)	(-)	(+)	(+)	(-)	Gram + Cocci	*Proteus maribili s*

S1A 14	4	(+)	(-)	(-)	(+)	(+)	(-)	Gram + Cocci	*Enteroc occus faecalis*
S1A 15	5	(+)	(-)	(-)	(+)	(+)	(-)	Gram - Rod	*Klebsie lla oxytoca*
S1A 16	6	(+)	(-)	(-)	(+)	(+)	(-)	Gram + Cocci	*Enteroc occus faecalis*
S1A 17	7	(+)	(-)	(-)	(+)	(+)	(-)	Gram + Cocci	*Enteroc occus faecalis*
S1A 18	8	(+)	(-)	(-)	(+)	(+)	(-)	Gram + Cocci	*Klebsie lla oxytoca*
S1A 19	9	(-)	(+)	(+)	(+)	(+)	(-)	Gram - Rod	*Klebsie lla oxytoca*
S1A 20	10	(-)	(+)	(+)	(+)	(+)	(-)	Gram - Rod	*Escheri chia coli*

Tableau 7 : Résultats des charges microbiennes dans les échantillons de poulet (cuisse)

Isolate	Non. de Colonie	Test 1	Test 2	Test 3	Test 4	Test 5	Test 6	Gram Reaction & Morphologie	Identification de Bacteria
		Indole	VP	MR	Citrate	Catalase	TSI		
S1A 21	1	(+)	(+)	(-)	(+)	(+)	(-)	Gram - Rod	*Klebsie lla oxytoca*
S1A 22	2	(+)	(-)	(-)	(-)	(+)	(-)	Gram - Rod	*Enteroc occus faecalis*
S1A 23	3	(-)	(-)	(-)	(+)	(+)	(-)	Gram + Cocci	*Proteus maribili s*
S1A	4	(+)	(-)	(-)	(+)	(+)	(-)	Gram +	*Enteroc occus*

24								Cocci	*faecalis*
S1A 25	5	(+)	(-)	(-)	(+)	(+)	(-)	Gram - Rod	*Klebsie lla oxytoca*
S1A 26	6	(+)	(-)	(-)	(+)	(+)	(-)	Gram + Cocci	*Enteroc occus faecalis*
S1A 27	7	(+)	(-)	(-)	(+)	(+)	(-)	Gram + Cocci	*Enteroc occus faecalis*
S1A 28	8	(+)	(-)	(-)	(+)	(+)	(-)	Gram + Cocci	*Klebsie lla oxytoca*
S1A 29	9	(-)	(+)	(+)	(+)	(+)	(-)	Gram - Rod	*Klebsie lla oxytoca*
S1A 30	10	(-)	(+)	(+)	(+)	(+)	(-)	Gram - Rod	*Escheri chia coli*

Tableau 8 : Résultats des charges microbiennes dans la viande de bœuf

Isolate	Nombre de Colony	Test 1	Test 2	Test 3	Test 4	Test 5	Test 6	Gram Reaction & Morphology	Identification de Bacteria
		Indole	VP	MR	Citrate	Catalase	TSI		
S4B 1	1	(+)	(-)	(-)	(+)	(+)	(-)	Gram + Cocci	*Enterococcus faecalis*
S4B 2	2	(+)	(-)	(+)	(+)	(-)	(-)	Gram - Rod	*Fournirncia.sp*
S4B 3	3	(+)	(-)	(-)	(+)	(-)	(-)	Gram + Cocci	*Enterococcus faecalis*
S4B 4	4	(+)	(-)	(-)	(+)	(+)	(-)	Gram + Cocci	*Enterococcus faecalis*

S4B 5	5	(+)	(-)	(-)	(+)	(+)	(-)	Gram + Cocci	*Enterococcus faecalis*
S4B 6	6	(+)	(-)	(-)	(+)	(+)	(-)	Gram + Cocci	*Enterococcus faecalis*
S4B 7	7	(+)	(-)	(-)	(+)	(+)	(-)	Gram + Cocci	*Enterococcus faecalis*
S4B 8	8	(+)	(-)	(-)	(+)	(+)	(-)	Gram + Cocci	*Enterococcus faecalis*
S4B 9	9	(-)	(+)	(+)	(+)	(+)	(-)	Gram + Cocci	*Staphylococcus aureus*

S4B 10	10	(-)	(+)	(+)	(+)	(+)	(-)	Gram + Cocci	*Staphylococcus aureus*

Tableau 9 : Résultats des charges microbiennes dans la viande (membre)

Isolate	Non. de Colony	Test 1	Test 2	Test 3	Test 4	Test 5	Test 6	Gram Reaction & Morphologie	Identification de Bacteria
		Indole	VP	MR	Citrate	Catalase	TSI		
S5L 1	1	(+)	(+)	(-)	(+)	(+)	(-)	Gram - Rod	*Klebsie lla oxytoca*
S5L 2	2	(+)	(-)	(-)	(-)	(+)	(-)	Gram - Rod	*Enterococcus faecalis*
S5L	3	(-)	(-)	(-)	(+)	(+)	(-)	Gram +	*Proteus*

3								Cocci	*maribili s*
S5L 4	4	(+)	(-)	(-)	(+)	(+)	(-)	Gram + Cocci	*Enteroc occus faecalis*
S5L 5	5	(+)	(-)	(-)	(+)	(+)	(-)	Gram - Rod	*Klebsie lla oxytoca*
S5L 6	6	(+)	(-)	(-)	(+)	(+)	(-)	Gram + Cocci	*Enteroc occus faecalis*
S5L 7	7	(+)	(-)	(-)	(+)	(+)	(-)	Gram + Cocci	*Enteroc occus faecalis*
S5L 8	8	(+)	(-)	(-)	(+)	(+)	(-)	Gram + Cocci	*Klebsie lla oxytoca*
S5L 9	9	(-)	(+)	(+)	(+)	(+)	(-)	Gram - Rod	*Klebsie lla oxytoca*
S5L	10	(-)	(+)	(+)	(+)	(+)	(-)	Gram -	*Escheri*

10								Rod	*chia coli*

Tableau 10 : VII Clé pour l'identification biochimique des micro-organismes adoptée de (FDA)

Indole	Rouge de méthyle	Voges Proskauer	Citrate	Organisme pathogène suspecté
+		+	+	*Klebsiella oxytoca*
+	+			*E.coli*
+			+	*E.faecalis*
-			+	*P.Mirabilis*
+	+			*Morganella morganii*
-	+			*Yersinia*
-	+		+	*Citrobacter*

-	+		+	*Salmonella*

*Sur les 60 échantillons examinés, 30 de poulet, 10 de bœuf, 10 d'agneau et 10 de poisson ont obtenu le pourcentage indiqué dans le tableau suivant

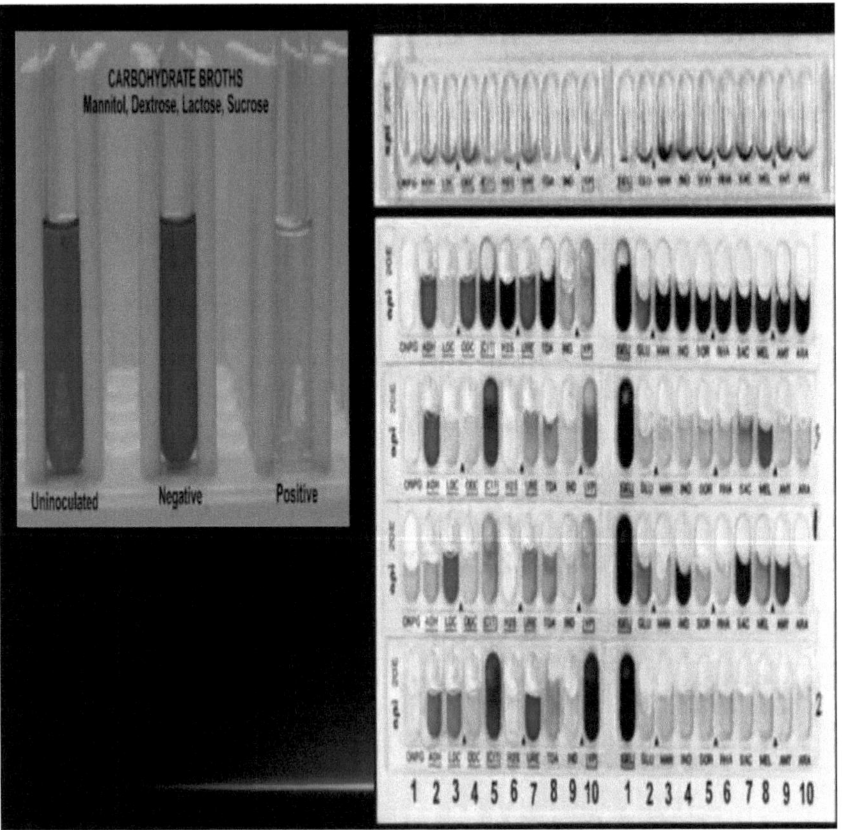

Figure 11 : Tests biochimiques pour la caractérisation - Utilisation des hydrates de carbone, des sucres, de l'urée, etc.

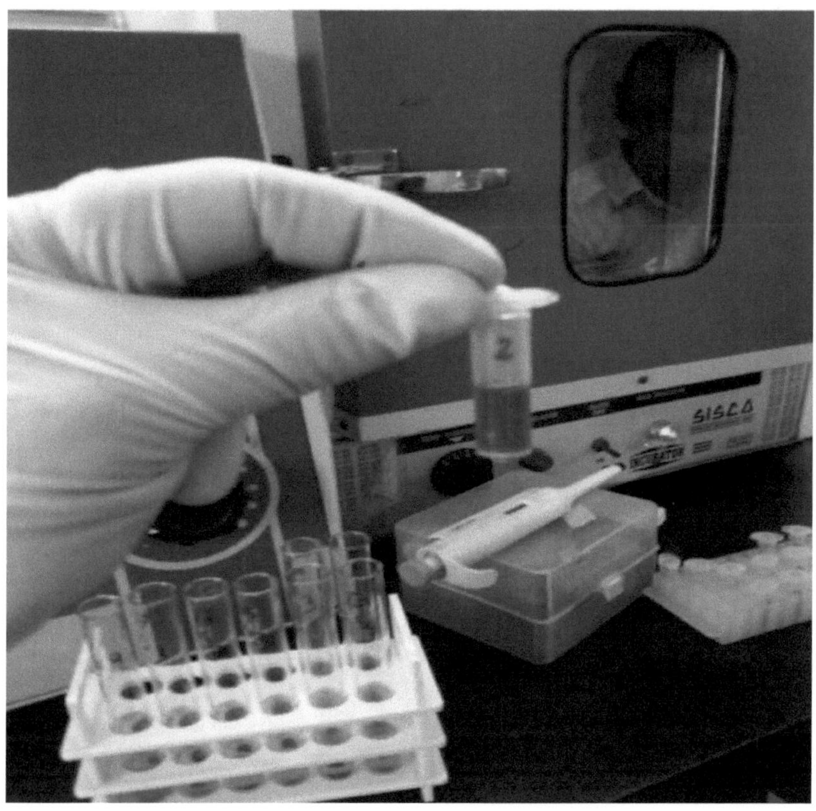

Figure 12 : Test du rouge méthyle positif.

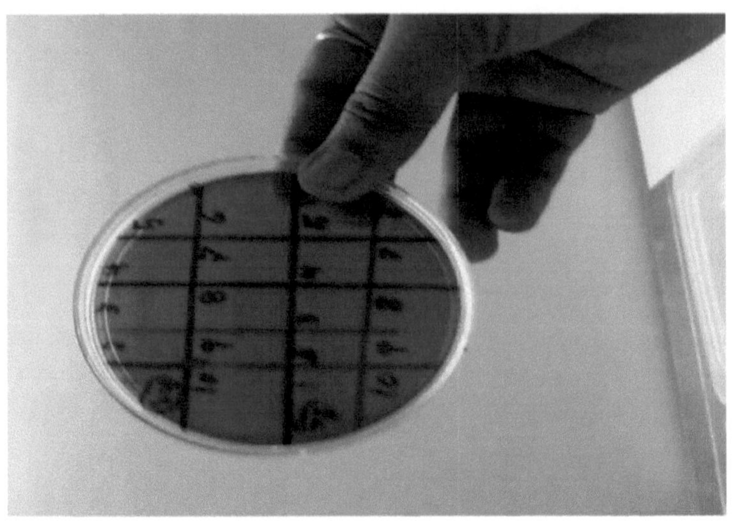

Figure 13 : Test de citrate positif

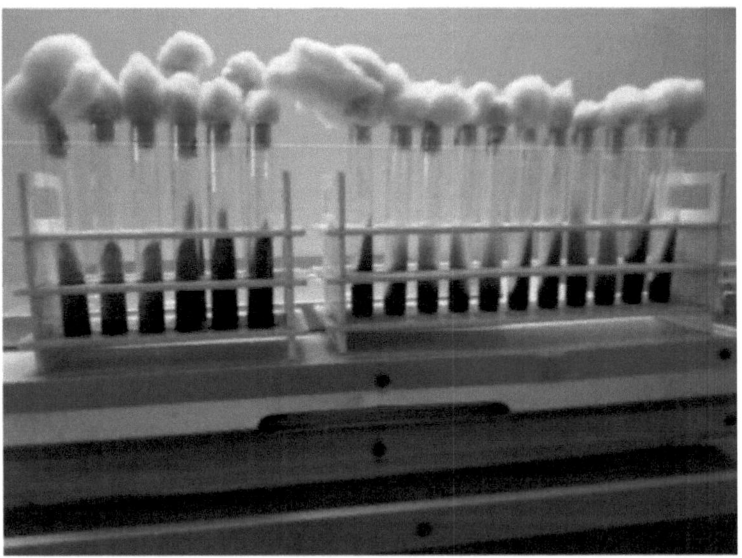

Figure 14 : Test au citrate de Simon dans des tubes en pente

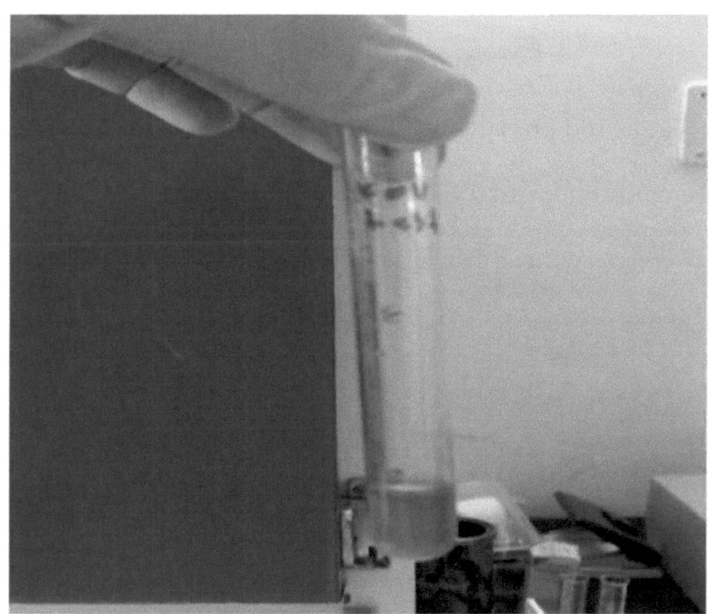

Figure 15 : Test indole positif

Résultats de la PCR :

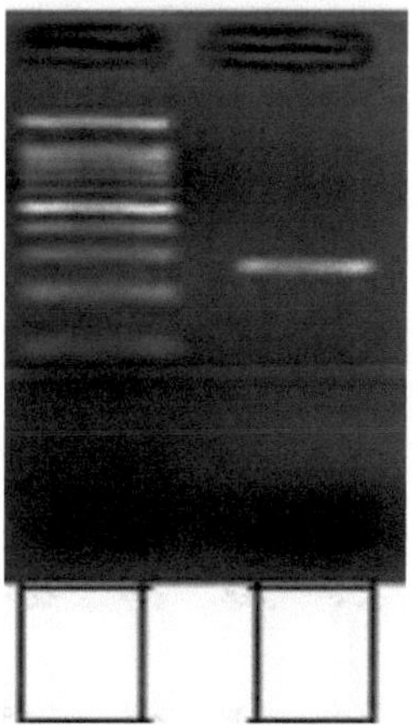

Figure 16 : Amplification par PCR de l'*entérotoxine* A de *Staphylococcus*

aureus.

En utilisant une échelle de 100 pb, la taille du gène de l'entérotoxine A a été trouvée à 270 pb L'amplification par PCR de l'entérotoxine marine est utile pour la détection de *S. aureus* porteur de *mer* dans les échantillons alimentaires dans l'industrie alimentaire et l'enquête sur les épidémies.Nous avons détecté la présence de staphylococcus aureus dans le poulet par la méthode PCR.

CONCLUSION

Le contenu microbien présent dans différents échantillons (viande, volaille, poisson) obtenus à partir de Buchner house, d'abattoirs, de congélateurs dans des supermarchés, etc. a été dénombré. Une identification morphologique et biochimique systématique a été réalisée une fois les colonies isolées de chaque échantillon. Les résultats obtenus montrent que l'entérocoque fécal est le premier organisme contaminant les produits carnés, suivi de la *Klebsiella oxytoca, et qu'*un petit nombre de *Serratia marcesens*, *Morganella*, *Staphylococcus aureus* et Providentia ont également été observés. Le *staphylocoque* étant un entéropathogène connu, la PCR a été utilisée pour détecter la présence du staphylocoque. La présence de ces micro-organismes indique l'importance d'une cuisson à haute pression chez le consommateur et d'un audit régulier par les inspecteurs de la sécurité sanitaire dans ces abattoirs pour contrôler l'hygiène et la propreté de ces sites.

RÉFÉRENCES

1. Alford, J. A. et L. E. Elliott, 1960. Activité lipolytique des micro-organismes à basse et moyenne température Actions. Food Res. 25:296-303.

2. Ayres, J. C., W. S. Ogilvy, et G. F. Stewart, 1950. Post mortem changes in stored meats. I. Micro-organismes associés au développement de la bave sur les découpes de volailles éviscérées. Food Technol. 4:199-205.

3. Ayres, J. C., 1960. Temperature relationships and some other characteristics of the microbial flora developing on refrigerated beef. Food Res. 25(6):1-18.

4. A'lvarez, I,. Man as, P., Condo N.S. et Raso, J. (2003a). Variation de la résistance des sérovars de salmonella enterica aux traitements par champ électrique pulsé. J. Food Sci. 68 : 2316-2320.

5. Aba bouch, L.H., Grimit, L. Eddafry, R., et Busta, F.F. (1995) Thermal inactivation kinetics of Bacillus subtilis spores suspended in buffer and in oils. L.Appl. Bacteriol. 78 : 669-676.

6. Abee, T. et Wouters, J.A. (9199). Microbial stress response in minimal processing. Int.J. Food microbial. 50:65-91.

7. Acott, K., Sloan, A.E. et Labuza, T.P.(1976). Evaluation d'agents antimicrobiens dans une étude de provocation microbienne pour un aliment pour chiens à humidité intermédiaire. J. Food Sci. 41 : 541-546.

8. Allison,D.G., D'Emmanuele, A. Egington, P. et Williams, A.R.(1996). The effect of ultrasound on Escherichia coli viability. J. Basic Microbiol. 36 : 3-11.

9. Alpas, H., Kalchayanand, N., Bozughu, F. et Ray, B (1998). Interaction de la pression, du temps et de la température de pressurisation sur la perte de viabilité de Listeria innocua. World J.Microbiol. Biotech. 14 : 251-253.

10. Barnes, E. M., 1960. Problèmes bactériologiques dans les préparations et le stockage des poulets de chair. R. Soc. Health J. 80:145-148.

11. Barnes, E. M. et C. S. Impey, 1968. Psychrophilic spoilage bacteria of poultry. J. Appl. Bacteriol. 31:97-107.

12. Barnes, E. M. et M. J. Thornley, 1966. The spoilage flora of eviscerated chickens stored at different temperatures. J. Food Technol. 1:113-119.

Printed by Books on Demand GmbH, Norderstedt / Germany